牛安安讲电力安全丛书

电力设施保护 30条画册

《牛安安讲电力安全》编写组　编
王存华　顾子琛　绘

中国电力出版社
CHINA ELECTRIC POWER PRESS

U0655657

图书在版编目（CIP）数据

电力设施保护30条画册 / 《牛安安讲电力安全》编写组编；王存华，顾子琛绘. -- 北京：中国电力出版社，2025. 5. -- （牛安安讲电力安全丛书）. -- ISBN 978-7-5239-0074-1

Ⅰ. TM7-64

中国国家版本馆 CIP 数据核字第 20251SA573 号

出版发行：中国电力出版社

地　　址：北京市东城区北京站西街 19 号

　　　　　（邮政编码 100005）

网　　址：http://www.cepp.sgcc.com.cn

责任编辑：马淑范（010-63412397）

责任校对：黄　蓓　常燕昆

装帧设计：赵姗姗

责任印制：杨晓东

印　　刷：三河市航远印刷有限公司

版　　次：2025 年 5 月第一版

印　　次：2025 年 5 月北京第一次印刷

开　　本：880 毫米 ×1230 毫米　48 开本

印　　张：1.5

字　　数：33 千字

定　　价：19.80 元

编委会

主　任　孔 冰

副主任　董玉清　张 绮

委　员　楚长鲲　杨曙光　王志盘　光在伟
　　　　肖 欢　刘 语

编写组

主　编　王存华　刘 英

编写人员　雷军丽　李静茹　王 静　辛力群
　　　　　王 飞　卢 鹏　毛仲彬　刘 冰
　　　　　张 宁　卢 沛　郭玲玲　孔晓敏
　　　　　赵乐然

绘　图　王存华　顾子琛

前言

　　五千年农耕文明孕育的"牛"图腾，是躬耕陇亩的勤勉、力量化身，更是追求卓越、努力超越的精神符号。当传统文化的基因流入现代电网安全体系，"牛安安"这个头戴安全帽、身着电力工装的安全卫士，正以萌趣十足又不失专业质量的形象，构建起新时代安全教育的超级符号。这个从国家电网有限公司第二届职工文创大赛中脱颖而出的IP，伴随着短视频、表情包、桌游、积木、书签、冰箱贴、帆布包等系列文创的广泛传播，牛安安的形象正慢慢走进电力职工的心中。

在视觉传播占据认知高地的今天，《牛安安讲电力安全丛书》以画册的形式应运而生，丛书具有鲜明的特色。

一是沉浸式阅读体验：原创插画＋韵律童谣＋知识卡片三位一体。

二是全场景安全覆盖：内容涵盖消防安全、电力设施保护、生产安全规范及居民用电安全等电网企业核心领域。

三是跨界表达创新：清新国漫画风＋通俗化文本＋互动化设计。

《牛安安讲电力安全丛书》突破传统宣教模式，适配电网企业安全培训、安全生产月、校园安全教育等多场景应用，实现"从学龄儿童到产业工人"的全年龄段覆盖。用文化IP重塑安全教育，让每个生命都与安全美好相遇。

牛安安小传

牛安安：电网公司一名安全管理人员，牛安安努力、严谨，对生活充满热情。

1. 保护区　保供电　电通人和惠民生

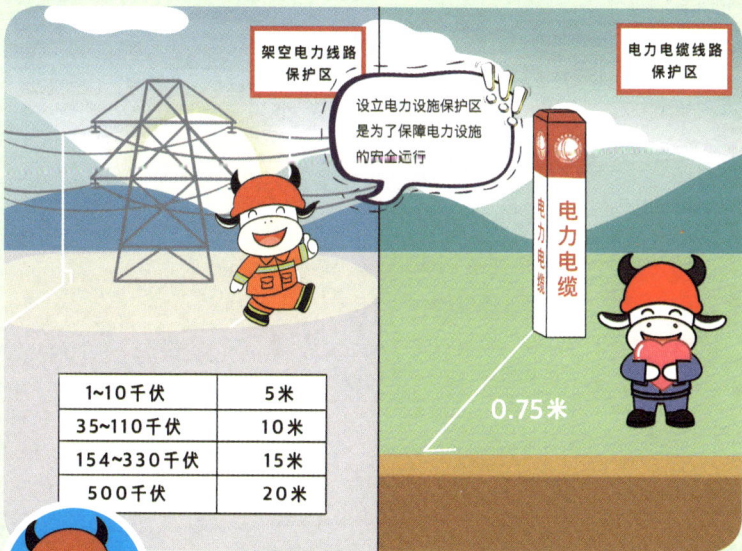

架空电力线路保护区

设立电力设施保护区是为了保障电力设施的安全运行

电力电缆线路保护区

电力电缆

1~10千伏	5米
35~110千伏	10米
154~330千伏	15米
500千伏	20米

0.75米

牛安安

安全课

现代社会离不开电，电力通畅是经济发展的基础。为保障电力设施的安全运行，设有电力设施保护区，在这个区域内，有些行为将被严格禁止。

我们的 安全日记

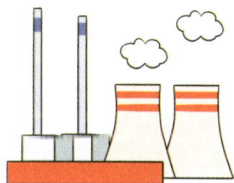
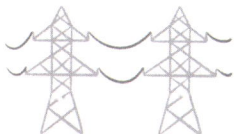

牛安安

安全课

发电厂、变电站、换流站、开关站、架空线路、电力电缆线路、电力线路上的变压器、断路器及其辅助设施和电力调度设施均受法律保护。

我们的 安全日记

保护电力设施人人有责任。遇到危害电力设施的行为，我们应当制止并向公安部门报告。

擅自进入变电站、发电厂内，不仅扰乱生产和工作秩序，而且还有触电的危险。

我们的 安全日记

5. 电线下　莫垂钓　一旦触电命难保

牛安安

安全课

鱼竿、鱼线绝缘性能差，在垂钓前，一定要先观察一下周围是否有高压线，因为鱼或鱼线碰到电力线会导致线路短路，引发触电事故，危及生命安全。

牛安安

安全课

不要在电力线路附近植树，小树长高后触碰电力线路容易造成线路接地、短路等事故，不仅会损坏电力设备，还会威胁到人身安全。

我们的 安全日记

7. 电线下　放烟花　线路短路易跳闸

牛
安安

安全课

燃放烟花爆竹，一定要远离电力线路、变压器等电力设备，以免发生触电事故、引发火灾或造成设施故障，影响线路正常供电。

13

我们的 安全日记

牛安安

安全课

攀爬电力杆塔、电力设备或者摇晃拉线这些行为是非常危险的，容易造成触电、摔伤等伤害。

我们的 安全日记

牛安安

安全课

在电力线路杆塔附近挖沙取土容易导致电线杆塔杆基不稳,出现电杆倾倒现象,造成供电中断。

我们的 安全日记

10. 放风筝 玩航模 远离线路和设备

牛安安

安全课

风筝与线易受潮导电，大电流可通过风筝和风筝线迅速传导至人体，对放风筝的人或附近行人造成直接伤害。所以放风筝、玩航模或其他飞行器时，一定要查看附近是否有电力线路，尽量选择空旷场所。

牛安安

安全课

禁止向电力线路设施射击、抛掷物体，这样不仅危害电力线路设施的安全，还可能导致人身触电事故。

我们的 安全日记

牛安安

安全课

烧荒不仅导致环境污染，危害人体健康，更重要的是大面积明火和浓烟会危及电力线路，导致输电线路跳闸，引发大范围停电，造成严重的社会影响和经济损失。

在电力设备附近施工，首先要取得电力部门的批准，在施工过程中，要注意电力设施的安全，切不可私自在电缆沟附近施工，以免挖断电缆。

牛安安

安全课

我们的 安全日记

牛安安

安全课

在使用吊车等高大机械在架空电力线路附近工作时，必须保持一定的安全距离，因为吊车一旦接触到高压线，会在瞬间将几万伏特的强电流导向车身，引发触电危险。

下有电缆
⚡
禁止触动

牛安安

安全课

任何人都不能涂改、移动、损坏、拔除电力设施建设的测量标柱和标记。

牛安安

安全课

不得拆卸杆塔或拉线上的器材，不得移动、损坏永久性标识或标识牌；如果发生意外，应立即拨打电话95598，由专业人员来处理，千万不要私自拆除。

我们的 安全日记

牛安安

安全课

在架空线路保护区内砍伐树木时，一定要留足安全距离，以防止树木倾倒，砸落电线造成停电事故。

我们的 安全日记 B

未经批准，起重机械不得进入架空电力线路保护区进行施工。

19. 电缆区　设标记　不抛锚来不挖沙

牛安安

安全课

地下电缆、水底电缆敷设后，应设立永久性标志。不得在海底、江河的电力电缆保护区内抛锚、拖锚、炸鱼和挖沙。

37

我们的 安全日记

牛安安

安全课

电力电缆线路保护区内，不得堆放垃圾、矿渣、易燃物、易爆物；不得倾倒酸、碱、盐及其他有害物品。

我们的 安全日记

21. 杆塔内　不修路　杆塔之上不挂物

牛安安

安全课

不可在塔内或杆塔与拉线之间修筑道路，不准在杆塔、拉线上悬挂物体。不准利用杆塔、拉线做起重牵引地锚。

我们的 安全日记

牛安安

安全课

电力线、通信线不可以同杆架设，以免相互打扰。

我们的 安全日记

牛安安

安全课

电力建设应与城乡建设统一规划。电力建设过程中，需要损害农作物、砍伐树木、竹子或拆迁建筑物及其他设施时，应按照国家有关规定给予补偿。

我们的 安全日记

牛安安

安全课

禁止在电力设施周围或在电力设施保护区内进行爆破或其他作业。危及电力设施安全的，由电力管理部门责令其停止作业，恢复原状并赔偿损失。

牛安安

安全课

行车或船从架空线路下穿过时要保持足够的安全距离。千万不可硬闯，一旦触到高压电，不但有触电危险，还会造成大面积停电。

牛安安

安全课

不得擅自在导线上接用电气设备。临时用电要申请，严禁私接乱拉。严禁使用挂钩线、破股线、地爬线。

27. 盗塔材　偷电线　事情败露被法办

牛安安

安全课

盗窃电力设施、器材会影响供电安全，盗窃者不仅要受到法律制裁，盗窃时还易发生触电事故，危及生命安全。

53

运行中的电缆带电，割电缆不仅会发生触电伤害，还会导致供电中断，影响人们的生产和生活。

我们的 安全日记

牛安安

安全课

不得私人买卖电力设施和器材。对破坏电力设施或哄抢、盗窃电力设施器材的行为检举、揭发有功者，电力管理部门将给予表彰或一次性物质奖励。

牛安安

安全课

电力通，事业兴，电为百姓高品质生活提供能源保障。我们一定要保护好电力设施，保护它就是守护我们自己的幸福生活。

我们的 安全日记